FORSCHUNGSBERICHTE DES LANDES NORDRHEIN-WESTFALEN

Nr. 2838/Fachgruppe Physik/Chemie/Biologie

Herausgegeben vom Minister für Wissenschaft und Forschung

Prof. Dr. Willi Keim
Dr. Hans-Jürgen Leuchs
Dr. Bernd Engler
Institut für Technische Chemie und Petrolchemie
der Rhein.-Westf. Techn. Hochschule Aachen

Untersuchung zur Darstellung neuer Katalysatoren für Reforming und Hydrocracking

Westdeutscher Verlag 1979

CIP-Kurztitelaufnahme der Deutschen Bibliothek

Keim, Willi:
Untersuchung zur Darstellung neuer Katalysatoren
für Reforming und Hydrocracking / Willi Keim ;
Hans-Jürgen Leuchs ; Bernd Engler. - Opladen :
Westdeutscher Verlag, 1979.

  (Forschungsberichte des Landes Nordrhein-
  Westfalen ; Nr. 2838 : Fachgruppe Physik,
  Chemie, Biologie)

NE: Leuchs, Hans-Jürgen:; Engler, Bernd:

ISBN 978-3-531-02838-5   ISBN 978-3-322-88432-9 (eBook)
DOI 10.1007/978-3-322-88432-9

Gesamtherstellung: Westdeutscher Verlag

<u>INHALTSVERZEICHNIS</u>

1. Einleitung

Reforming und Hydrocracking sind zwei Erdölverarbeitungsverfahren, die es gestatten, leichte vermarktungsfähige Mineralölprodukte zu Lasten schwerer Rückstandsöle zu produzieren. Während Reforming in allen bundesdeutschen Raffinerien praktiziert wird, hat sich das Hydrocracking wegen der enormen Investitionskosten und des Betriebsaufwandes noch nicht in der Bundesrepublik - im Gegensatz zu USA - durchsetzen können (1).

Beim Reforming wird Naphtha in Aromaten überführt. Es finden dabei im wesentlichen Isomerisierungs- und Dehydrierungsreaktionen statt.

Beim Hydrocracken wird das Einsatzöl mit Wasserstoff hydrierend gespalten. Dies bedeutet eine C-Zahlveränderung zugunsten leichterer Produkte. Somit hilft Hydrocracking das Auseinanderklaffen von Produktionsstruktur der Raffinerien und Nachfragestruktur des Marktes, ein Problem, das gerade in den letzten Jahren die Erdölverarbeiter in der Bundesrepublik vor schwere Aufgaben gestellt hat, zu erleichtern.

Beide Verfahren sind dadurch gekennzeichnet, daß bifunktionelle Metall-Katalysatoren eingesetzt werden. Im Falle der Reforming-Katalysatoren werden Platin-Aluminiumoxidkontakte, die durch Hinzufügen eines oder mehrerer Metalle erheblich verbessert werden, eingesetzt. Die Hydrocracking-Katalysatoren bestehen aus Metallen der 6. und 8. Nebengruppe wie Mo, W, Co, Ni, Pt und Pd, die auf amorphe und kristalline Aluminiumsilikatträger aufgebracht sind.

Die Aktivität und Selektivität der Kontakte ist abhängig von der Dispersität der Metallkomponente auf der Oberfläche des Trägers. Die synergistische Wirkungsweise von Metallfunktion und Trägerfunktion ist noch wenig verstanden.

Insbesondere ist nicht sicher bekannt, ob und in welcher Weise
die verschiedenen Metalle untereinander auf dem Träger Wechsel-
wirkungen eingehen. Um Aussagen über die Art solcher Wechsel-
wirkungen machen zu können, sollten im Rahmen dieser Arbeit
zwei Klassen bi- oder multimetallischer Trägerkatalysatoren
dargestellt werden:

1. Kontakte durch sequenzielles Tränken mit einfachen Metall-
   salzlösungen,

2. Kontakte durch Tränken mit Lösungen bi- oder multimetallischer Komplexe.

Nach der Aktivierung des Kontaktes liegt so eine statistische
Metallverteilung unterschiedlichster Kristallitgröße vor. In
diesem Zusammenhang stellt sich die Frage, ob durch Auftragen
von metallorganischen Komplexen, die mehrere Metalle enthalten,
eine Matrix der Metallatome auf dem Träger derart fixiert ist,
daß auch nach der Aktivierung ein wesentlich höherer Ordnungs-
grad der aus den Metallatomen erzeugten Mikrokristallite vor-
liegt.

Die nach 1. und 2. erhaltenen Katalysatoren wurden untereinander und mit kommerziellen Kontakten in einer geeigneten Appa-
ratur unter Bedingungen, die denen der technischen Verfahren
möglichst ähnlich sind, bezüglich ihrer Aktivität und Selektivität verglichen.

Für die Entwicklung neuer selektiverer und/oder aktiverer Katalysatoren ist gerade die Kenntnis der Wechselwirkung von Me-
tall/Träger eine wichtige Voraussetzung.

2. Hydrocracking

2.1 Hydrocracking - Experimenteller Teil

Die Versuche wurden in voll kontinuierlich arbeitenden Hochdruck-Anlagen durchgeführt.

2.1.1 Hydrocracking-Anlage

Einzelheiten dieser Anlage sind in der Dissertation B. Engler beschrieben (2). Im wesentlichen bestand die Anlage aus einem elektrisch beheizten isothermen Festbettreaktor, einem Flüssigkeits-Gas-Druckabscheider, einem Niveauregelsystem sowie einer Probenentnahmeeinrichtung. Ein Fließschema der Anlage zeigt Abbildung 1.

Der Wasserstoff gelangt aus der Ringleitung über eine Druckreduzier- und Druckkonstanthalteeinheit mit dem Einsatzkohlenwasserstoff über eine Mischstrecke auf den Kopf des Reaktors. In der Vorheizzone erwärmt sich das Gemisch über eine V4A-Stahlwollpackung auf Reaktionstemperatur. Das Katalysatorschüttvolumen betrug bei allen Aktivitätstests 50 cm^3.

Die Reaktionsgase gelangen über einen Rohrkühler in einen mit Sole gekühlten Druckabscheider, in dem unverbrauchter Wasserstoff abgetrennt und über ein Federventil entspannt und mit einer nassen Gasuhr gemessen wird. Die Einstellung des H_2-Stromes erfolgt vor Zugabe des Einsatzstoffes ebenfalls über diese Gasuhr. Die flüssigen und gelösten Spaltprodukte können über ein Niveaugefäß kontinuierlich entspannt oder aber über eine Probenentnahmeeinrichtung aufgefangen werden.

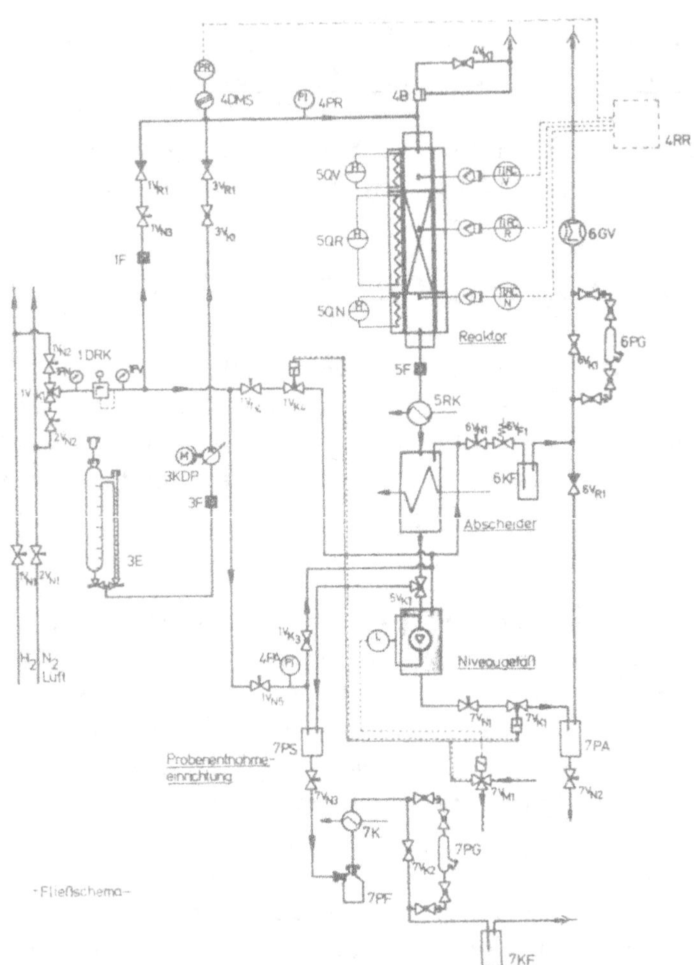

Abb. 1: Kontinuierliche Hochdruck-Hydrocrackinganlage

2.1.2 <u>Einsatzprodukte und verwendete Katalysatoren</u>

Bei allen Versuchen wurde der Modellkohlenwasserstoff n-Dekan
(95,2 % Fa. Haltermann, Hamburg) eingesetzt.

Als bimetallorganische Komplexe wählten wir die Verbindungen
1 bis 3 der Abbildung 2, die erstmalig von D.H. Busch und
D.C. Jicha beschrieben wurden (3).

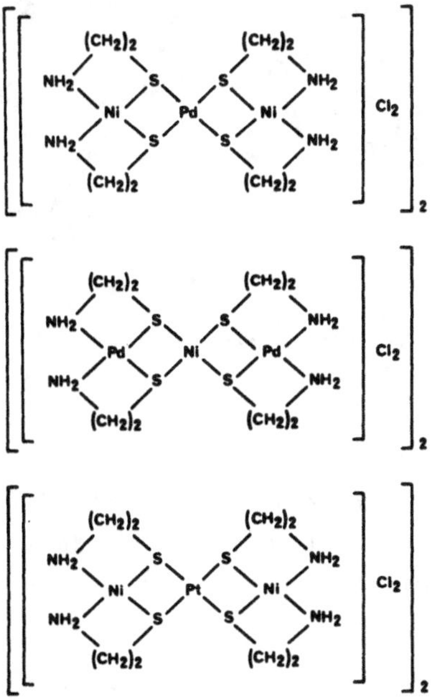

<u>Abb. 2:</u> Bimetallorganische Komplexe

Die von C. Krüger durchgeführte Röntgenstrukturanalyse (Abbildung 3) des Komplexes 1 zeigt, daß die Komplexe als Dimere vor-
liegen (4).

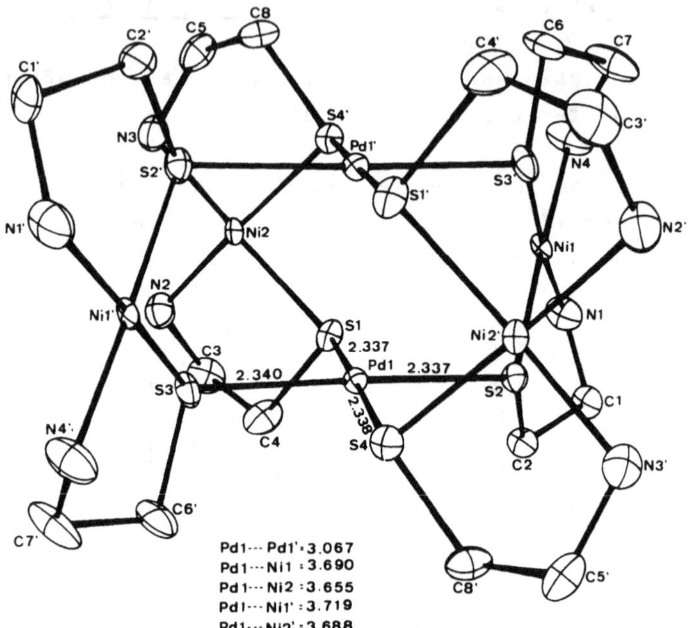

Abb. 3: Röntgenstrukturanalyse

Die Komplexe 1 bis 3 wurden auf Zeolith X (Grace 544), Zeolith
Y (Union Carbide SK 40) und Mordenit (Norton Zeolon 200) aufgezogen[+]. Die untersuchten Träger unterscheiden sich in folgenden Punkten:

- Die Acidität variiert in der folgenden Reihenfolge:
  Mordenit > Y-Zeolith > X-Zeolith
- Die Porengrößen sind verschieden und gehen von einer Kanal-
  struktur (Mordenit) bis zur Netzstruktur der X,Y-Siebe.

Die Trägersubstanzen wurden einem Ionenaustauschverfahren mit
einer NH_4Cl-Lösung unterworfen, getrocknet und anschließend
calziniert. Der Austauschgrad für Zeolith X (Grace 544) liegt
bei 78,1 %, der für Zeolith Y (SK 40) bei 72,3 %.

[+] Wir danken den Firmen W.R. Grace & Co., Union Carbide und
Norton für die kostenlose Bereitstellung der aufgeführten
Träger.

- 7 -

Im Falle der Komplexkatalysatoren erhält man diese durch Imprägnieren der in der H-Form vorliegenden Träger in einer wäßrigen Komplexlösung. Nach 6-7 Stunden ist bei 60°C die Lösung entfärbt und das Kation des Komplexsalzes auf den Träger aufgezogen.

Parallel zu den Komplexkatalysatoren wurden die gleichen Träger mit der jeweiligen Metallkombination $Ni(NO_3)_2 \cdot 6\ H_2O/K_2PdCl_4$ und $Ni(NO_3)_2 \cdot 6\ H_2OPt(NH_3)_4Cl_2 \cdot H_2O$ in wäßriger Phase imprägniert.

Die Katalysatoren wurden anschließend getrocknet und nach Einfüllen in den Reaktor im Luftstrom ($V_L = 1\ 1/min \cdot 50\ cm^3$ Kontakt) bei 500°C (Zeolith X bei 400°C) über drei Stunden calziniert und im Wasserstoffstrom $V_{H_2} = 1\ 1/min \cdot 50\ cm^3$ Kontakt) bei gleicher Temperatur weitere 3 Stunden aktiviert.

Für vergleichende Untersuchungen kam weiterhin der kommerzielle Hydrocrackkatalysator SK 120 (Zeolith Y) der Firma Union Carbide zum Einsatz.

Die Tabelle 1 enthält eine Zusammenstellung der hergestellten Katalysatoren und die jeweiligen Metallkonzentrationen.

<u>Tab. 1:</u> Metallkonzentration der hergestellten Katalysatoren und Betriebstemperaturen

		Ni (Gew.-%)	Pd (Gew.-%)	Pt (Gew.-%)	Betriebstemperatur (°C)
Komplexkatalysator 1	(Ni-Pd-Ni) / Zeolith X	0.55	0.50	-	330-430
"	(Ni-Pd-Ni) / Zeolith Y	0.55	0.50	-	230-370
"	(Ni-Pd-Ni) / Mordenit	0.55	0.50	-	230-330
Vergleichskatalysator	Ni/Pd / Zeolith X	0.55	0.50	-	330-430
"	Ni/Pd / Zeolith Y	0.55	0.50	-	230-370
"	Ni/Pd / Mordenit	0.55	0.50	-	230-330
Komplexkatalysator 2	(Pd-Ni-Pd) / Zeolith X	0.14	0.50	-	330-430
"	(Pd-Ni-Pd) / Zeolith Y	0.14	0.50	-	230-370
"	(Pd-Ni-Pd) / Mordenit	0.14	0.50	-	230-330
Komplexkatalysator 3	(Ni-Pt-Ni) / Zeolith X	0.30	-	0.50	330-430
"	(Ni-Pt-Ni) / Zeolith Y	0.30	-	0.50	230-370
"	(Ni-Pt-Ni) / Mordenit	0.30	-	0.50	230-330
Vergleichskatalysator	Ni/Pt / Zeolith X	0.30	-	0.50	330-430
"	Ni/Pt / Zeolith Y	0.30	-	0.50	230-370
"	Ni/Pt / Mordenit	0.30	-	0.50	230-330
Kommerzieller Katalysator	SK 120		0.50	-	230-330

2.1.3 Versuchsbedingungen

Die Aktivitäts- und Selektivitätsuntersuchungen wurden bei konstanten Betriebsbedingungen wie Gesamtdruck p = 100 bar, Raumgeschwindigkeit LHSV = 1,0 h^{-1} und H_2/n-Dekan-Verhältnis = 8,0 Mol/Mol durchgeführt. In Tabelle 1 sind die eingesetzten Katalysatoren sowie die für eine ausreichende Spaltung erforderlichen Betriebstemperaturen zusammengestellt.

2.1.4 Analyse der Reaktionsprodukte

Die Analyse der Spaltprodukte erfolgte mittels der Gaschromatographie. Zur Trennung der flüssigen Kohlenwasserstoffe wurde eine Glaskapillare OV 101, 120 m x 0,23 mm bei einer temperaturprogrammierten Aufheizrate von 5°C/min eingesetzt. Die gasförmigen Reaktionsprodukte wurden mittel einer Stahlsäule 200 m x 0,5 mm, Squalan, analysiert. Die Auswertung der Versuche erfolgte über einen elektronischen Integrator und eine Stoffbilanz am Reaktorsystem zu den absoluten Gewichtskonzentrationen der einzelnen Spaltprodukte.

Um eine detailierte Aussage über den Reaktionsmechanismus machen zu können, werden im einzelnen die in Tabelle 2 aufgeführten Verbindungen identifiziert.

Tabelle 2: Analysierte Produkte des Hydrocrackings

	Sdpkt.760°C		Sdpkt.760°C
Äthan	- 88.6	2,3-DM-Hexan	115.61
Propan	- 42.07	2-M-3-Ä-Pentan	115.65
2-M-Propan	- 11.73	2-M-Heptan	117.65
Buten	- 0.50	4-M-Heptan	117.71
2,2-DM-Propan	9.50	3,4-DM-Hexan	117.73
2-M-Buten	27.85	3-M-Heptan	118.93
Pentan	36.07	3-Ä-Hexan	118.53
2,2-DM-Buten	49.74	1,1-DM-Cyclohexan	119.54
2,3-DM-Butan	57.99	Oktan	125.67
2M-Pentan	60.27	2,2-DM-Heptan	132.69
3M-Pentan	63.28	2,4-DM-Heptan	133.5
Hexan	68.74	2,6-DM-Heptan	135.21
2,2-DM-Pentan	79.20	2,5-DM-Heptan	136.0
M-Cyclopentan	71.81	4-M-Oktan	142.48
2,4-DM-Pentan	80.50	2-M-Oktan	143.26
2,2,3-TM-Butan	80.88	3-M-Oktan	144.18
3,3-DM-Pentan	86.06	2,2,4-TM-Heptan	147.88
Cyclohexan	80.74	2,2,5-TM-Heptan	148.0
2-M-Hexan	90.05	Nonan	150.80
2,3-DM-Pentan	89.78	2,2,5-TM-Heptan	152.80
1,1-DM-Cyclopentan	87.85	2,4-DM-Oktan	152.63
3-M-Hexan	91.85	2,5-DM-Oktan	157.62
1-cis-3-DM-Cyclo-Pentan	91.73	2,6-DM-Oktan	158.54
3-Ä-Pentan	93.48	2,3-DM-Oktan +	163.6/165.9
1-trans-3-DM-Cyclo-Pentan	90.77	3,4-DM-Oktan	
Heptan	98.43	5-M-Nonan	165.1
M-Cyclohexan	100.93	4-M-Nonan	165.7
2,2-DM-Hexan	106.84	2-M-Nonan	166.8
2,5-DM-Hexan	109.10	3-Ä-Oktan	167.6
2,4-DM-Hexan	109.43	3-M-Nonan	167.8
3,3-DM-Hexan	111.97	Dekan	174.12

2.2 Diskussion der Versuchsergebnisse Hydrocracking

Zur Zeit werden sieben industrielle Hydrocrackingverfahren in
Lizenz angeboten (2). Die wichtigsten sind:

> BASF-IFP-Prozeß
> Houdry-Gulf-Prozeß
> ISOMAX-Hydrocracking
> Unicracking-HC
> H-Oil, Hy-C, Varga.

Weitere Verfahren sind von den Firmen Shell, British Petroleum,
Phillips Petroleum und Socony ausgearbeitet worden, wobei das
Shell-Verfahren z.Z. die dritthöchste Kapazität aufweist. Alle
diese Verfahren jedoch werden nahezu ausschließlich in firmen-
eigenen Raffinerien praktiziert.
Die größte Bedeutung in all diesen Verfahren haben die Katalysatoren.
Die Entwicklung der Katalysatoren, die natürlich auf die einzelnen Verfahren, wie Prozeßvariablen, den Einsatzstoff und die ge-
wünschten Produkte zugeschnitten ist, verlief von den sogenann-
ten konventionellen Katalysatoren auf amorphen Al_2O_3-SiO_2-Trä-
gern zu den hochaktiven und hoch selektiven Edelmetall-Kataly-
satoren mit synthetischem X-, Y-Zeolith und Mordenit als Träger.

Einige bedeutende Katalysatorsysteme sind:

Isomax (Chevron)   1.Stufe amorph $Al_2O_3 \cdot SiO_2$/Ni,Mo
                                    2.Stufe amorph $Al_2O_3 \cdot SiO_2$/Ni,W

Unicracking-JHC(Esso/Union Oil) 1.Stufe gewöhnliche Hydrierung
                                    2.Stufe Molsieb Y/Pd

Shell   1.Stufe amorph $Al_2O_3 \cdot SiO_2$/Ni,Mo
                                    2.Stufe amorph $Al_2O_3 \cdot SiO_2$/Ni,W

Die neueren Entwicklungen auf dem Gebiet der Hydrocrackingskata-
lysatoren gehen in Richtung von Zeolithen, die wesentlich höhere Aktivitäten und entscheidend verbesserte Selektivitäten aufweisen.

Im Rahmen der vorliegenden Arbeit versuchten wir, durch Auftragen von metallorganischen Verbindungen, die mehrere Metallatome
in einem Komplex enthielten, zu aktiven und selektiven Hydrocrackingkatalysatoren zu gelangen. Dabei sollten die Komplexe
bevorzugt aus Elementen der obigen technischen Katalysatoren
bestehen.

Im einzelnen wurden die in Abb. 2 gezeigten metallorganischen
Verbindungen auf X-, Y- und Mordenit-Zeolithe aufgezogen.

.Parallel zu den Komplexkatalysatoren wurden die gleichen Träger
mit der jeweiligen Metallkombination $Ni(NO_3)_2 \cdot 6\ H_2O/K_2PdCl_4$
und $Ni(NO_3)_2 \cdot 6\ H_2O/Pt(NH_3)_4Cl_2 \cdot H_2O$ in wäßriger Phase imprägniert.

Unter den oben angegebenen Versuchsbedingungen wurden die in
der Tabelle 1 aufgeführten Katalysatoren mit n-Dekan umgesetzt.
Da es Ziel dieser Arbeit war, zu untersuchen, ob das Auftragen
von bimetallischen Komplexen zu besseren Katalysatoren führt
als das getrennte Imprägnieren mit den entsprechenden Metallsalzen, wurden die Katalysatoren in ihrer Aktivität und Selektivität verglichen.

2.2.1 Vergleich der Aktivität

<u>Zeolith-X-System</u>   Die Abbildung 4 gibt den Spaltumsatz der
Zeolith X-Katalysatoren als Funktion der Temperatur wieder.

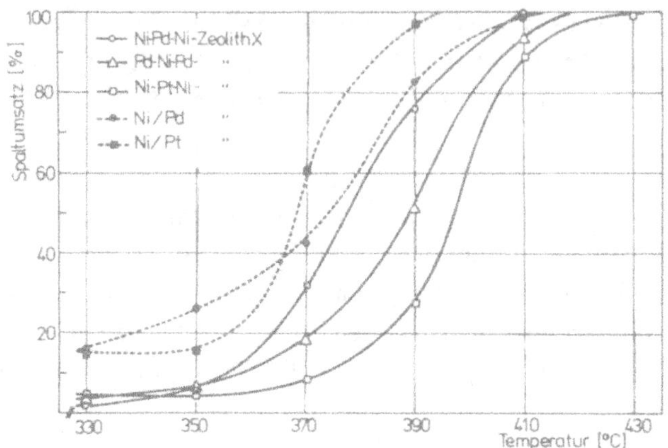

Abb. 4: Spaltumsatz als Funktion der Temperatur für die Zeolith
X-Katalysatoren

Bedingt durch die geringe Acidität des Trägers tritt erst ab
370°C signifikante Spaltung ein, die exponentiell ansteigt.
Die Vergleichskatalysatoren sind bereits bei 10-20°C tieferen Temperaturen spaltaktiv.

Zeolith-Y-System   Die Katalysatoren mit Zeolith-Y-Träger, die
verglichen mit den Zeolith X-Trägern eine höhere Acidität aufweisen, erreichen bereits bei 100°C tieferen Temperaturen, al-
so im Bereich 230-330°C, ihre volle Spaltaktivität. Die Erhö-
hung des SiO_2/Al_2O_3-Verhältnisses von 1,9 auf 2,7 bei gleichem
Natriumionenaustausch ist Ursache der starken Aciditätssteige-
rung des Zeolith Y-Trägers. Die Abbildung 5 zeigt einen Vergleich der fünf Kontakte.

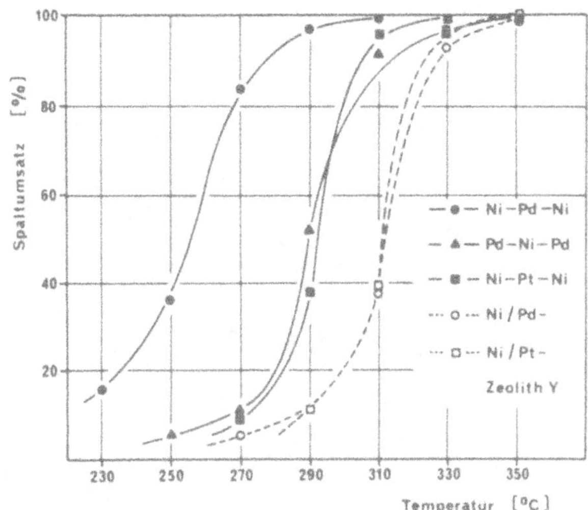

Abb. 5: Spaltumsatz als Funktion der Temperatur für die Zeolith
Y-Katalysatoren

Die drei Komplexkatalysatoren weisen bei 50°C tieferen Temperaturen die gleiche Spaltaktivität auf wie die Vergleichskatalysatoren.

Mordenit-System Abbildung 6 zeigt den Spaltumsatz als Funktion der Temperatur.

Die Komplexkatalysatoren weisen einen nahezu identischen Spalt-
verlauf auf, wobei die Vergleichskontakte geringfügig besser
sind. Es wird vermutet, daß der Diffusionswiderstand im zwei-
dimensionalen Mordenit größere Werte annimmt als im dreidimen-
sionalen Porensystem der Zeolithe (5).

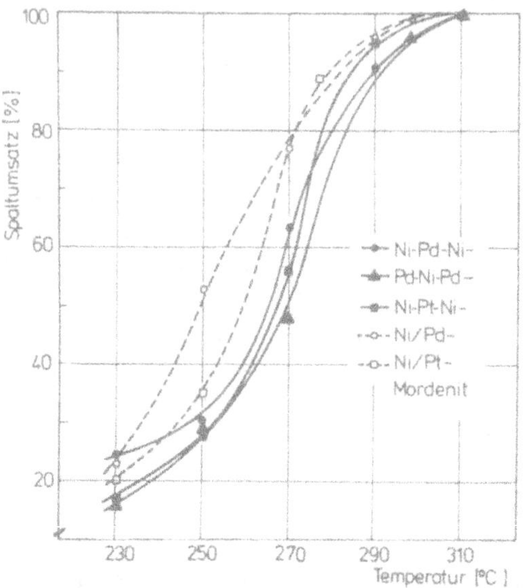

Abb. 6: Spaltumsatz als Funktion der Temperatur für die Mordenit-Katalysatoren

<u>Kommerzieller Kontakt SK 120</u>   Beim Katalysator SK 120 handelt es sich um einen Pd/Zeolith Y-Kontakt. Aus dem Vergleich mit dem Komplex Ni-Pd-Ni-Zeolith Y-Kontakt (Abb.7) ist ersichtlich, daß der Ni-Pd-Ni-Zeolith Y-Katalysator eine bessere Aktivität aufweist.

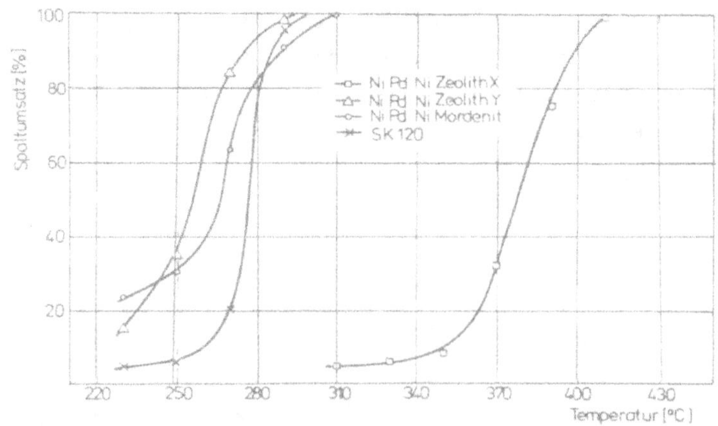

Abb. 7: Einfluß der Temperatur auf den Spaltumsatz der Ni-Pd-Ni-Komplexkatalysatoren und des SK 120

Im Langzeitversuch (100 Stdn.) konnte gezeigt werden, daß die
Aktivität erhalten blieb.

2.2.2 <u>Vergleich der Selektivitäten</u>

<u>Zeolith X-System</u>   Die Hydroisomerisierung der nichtgespalte-
nen Einsatzkohlenwasserstoffe ist neben der Spaltung zu kurz-
kettigen Produkten ein Kennzeichen des Hydrocrackens. Die Katalysatoren des Zeolith X-Systems zeigen im Temperaturbereich
330-390°C eine starke Hydroisomerisierung des n-Dekans, die
in Abbildung 8 wiedergegeben ist.

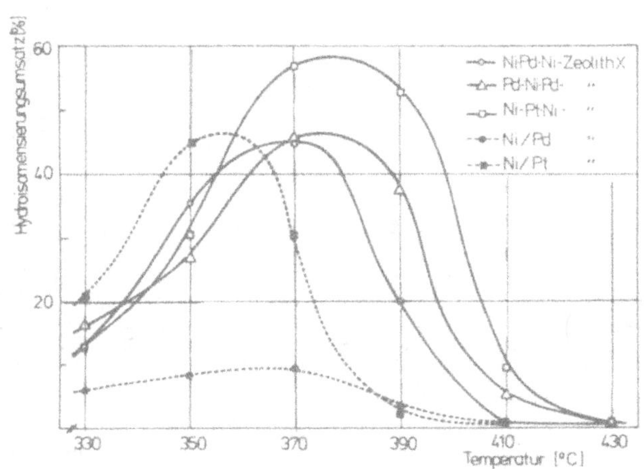

<u>Abb. 8:</u> Hydroisomerisierungsumsatz als Funktion der Temperatur
für die Zeolith X-Katalysatoren

Der Kurvenverlauf der Umsätze ist für alle Katalysatoren gleich,
der Isomerisierungsumsatz verläuft über ein Maximum und geht
bei höheren Temperaturen in einen exponentiell ansteigenden
Spaltumsatz über. Die Komplexkatalysatoren sind durch eine hohe Hydroisomerisierung des Einsatzstoffes gekennzeichnet. Die
hohe Hydrier-/Dehydrierwirkung des Platins im Ni-Pt-Ni-Komplex
bewirkt eine Isomerisierung von n-Dekan bis 60 Gew.-%. Der
Ni-Pd-Ni- und der Pd-Ni-Pd-Komplex-Zeolith X-Kontakt erreichen

einen Isomerisierungsgrad von 45 Gew.-%. Bei den Vergleichskontakten ist die Hydroisomerisierung bedeutend geringer ausgeprägt. Bezüglich der Produktverteilung ergibt sich bei allen Kontakten ein nahezu analoges Bild. Die Anteile an Methan und Äthan liegen unter 2 Gew.-%. Letzteres und die Konzentration der Methylnonane läßt erkennen, daß der Spaltmechanismus über die Bildung von tertiären Carbeniumionen mit anschließender β-Spaltung verläuft. Dieser Sachverhalt wurde beim Hydrocracken von Modellkohlenwasserstoffen an bifunktionellen Katalysatoren schon mehrfach beschrieben (6,7).

Die Bildung von 2-Methyl-butan, Pentan und höheren Spaltprodukten verläuft über Maxima, während die Konzentration von C_3- und C_4-Kohlenwasserstoffen linear ansteigt.

<u>Zeolith Y-System</u>   Die Zusammensetzung der Spaltprodukte wird anhand der Ergebnisse in Tabelle 3 erläutert.

Tab. 3: Selektivität von Katalysatoren des Zeolith Y-Systems

Katalysator	N1-Pd-N1			N1/Pd			N1-Pt-N1			N1/Pt		
Temperatur (^{0}C)	250	270	290	290	310	330	270	290	310	290	310	330
Isomerisierungsumsatz (%)	5.6	2.5	0.2	34.3	40.7	4.5	15.7	12.3	0.4	36.2	41.8	2.4
Spaltumsatz (%)	34.4	86.8	97.9	9.7	37.9	94.0	8.2	38.3	97.0	9.7	39.8	96.8
Methan	-	-	-	-	-	-	-	-	-	0.1	0.2	1.0
Äthan	-	-	0.2	-	-	0.2	-	-	0.1	0.2	0.3	1.4
Propan	1.7	5.8	9.0	0.9	1.9	5.6	0.7	2.2	6.4	1.0	1.8	6.7
2-M-Propan	5.9	16.6	19.4	2.0	5.1	13.3	1.8	5.8	14.8	1.4	4.6	14.1
Butan	2.5	7.7	9.0	1.0	3.5	9.4	0.8	3.3	9.0	0.9	3.3	10.2
2-M-Butan	9.1	22.8	23.4	1.8	8.6	21.0	1.8	9.4	22.5	1.4	8.0	20.4
Pentan	2.0	4.8	5.4	0.6	3.6	9.3	0.5	3.0	8.1	0.7	3.5	9.0
Iso-Hexane	8.0	18.6	22.1	1.3	8.1	20.4	1.0	8.6	22.2	1.1	7.8	19.0
Hexan	1.5	4.2	5.3	0.4	2.6	7.0	0.2	2.3	7.8	0.5	2.6	6.3
Iso-Heptane	2.0	4.2	3.5	0.4	2.9	5.8	0.3	2.4	5.0	0.4	2.8	5.6
Heptan	0.3	0.9	0.8	0.8	0.5	1.2	-	0.5	1.3	0.2	0.7	1.3
1-Dekane	5.6	2.5	0.2	34.3	40.7	4.5	15.7	12.3	0.4	36.2	41.8	2.4
Dekan	60.0	10.7	1.9	55.6	21.4	1.5	76.1	49.4	2.6	54.1	18.4	0.8

Die Methan- und Äthanbildung liegt unter 1 Gew.-%. Die Komplexkatalysatoren weisen gegenüber den Vergleichskontakten unter-
schiedliche Spaltaktivität derart auf, daß unter geringerer
Isomerisierung des Einsatzstoffes n-Dekan bereits bei ca. 20°C
tieferen Temperaturen Spaltung einsetzt. Beim Ni-Pd-Ni-Kontakt
ergeben sich 6 Gew.-%, beim Pd-Ni-Pd-Katalysator etwa 8 Gew.-%
verzweigte Dekane. Der Ni-Pt-Ni-Kontakt ist weniger spaltaktiv,
zeigt dafür aber den höchsten Hydroisomerisierungsumsatz von
16 %. Die Isomerisierung des Einsatzstoffes verläuft dagegen
bei Einsatz der Vergleichskontakte bei ca. 50°C höheren Temperaturen über ein ausgeprägtes Maximum von ca. 40 Gew.-%. Parallel dazu verschiebt sich die Spaltaktivität ebenfalls zu höheren Betriebstemperaturen, Abbildung 9.

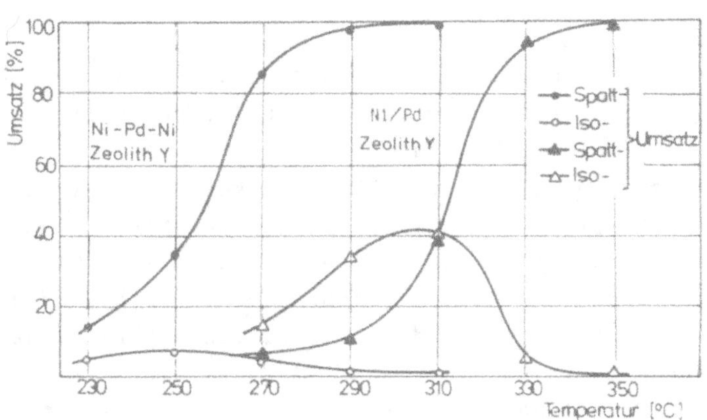

Abb. 9: Einfluß der Temperatur auf Spalt- und Hydroisomerisierungsumsatz beim Ni-Pd-Ni- und Ni/Pd-Zeolith Y-Kataly-
sator

Der Vergleich der Spaltprodukte von Komplex- und Vergleichskatalysatoren zeigt, daß das Produktgemisch der Komplexkontakte
isomerenreicher und damit wesentlich wertvoller ist. Abbildung
10 zeigt den linearen Verlauf der C_4- und C_5-Fraktion über den
Spaltumsatz.

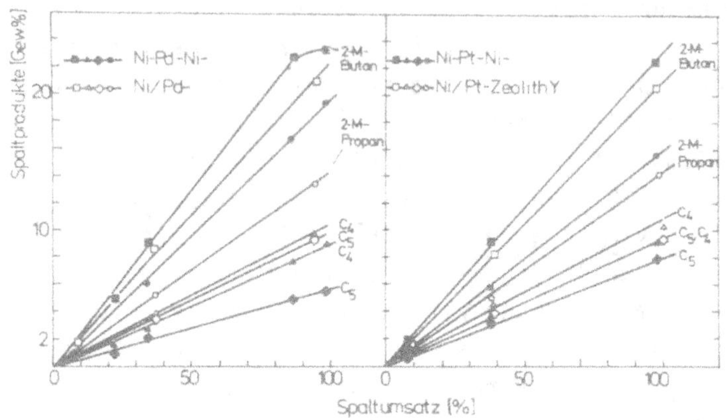

Abb. 10: **Einfluß des Spaltumsatzes auf die Konzentration der Spaltprodukte**

Das Produktgemisch des Ni-Pd-Ni-Katalysators ist gegenüber dem Ni/Pd-Vergleichskontakt durch eine höhere Konzentration an 2-Methyl-propan und 2-Methyl-butan bei niedrigeren Konzentrationen an unverzweigten C_4- und C_5-Alkanen gekennzeichnet. Die Konzentration an 2-Methyl-butan erreicht für den Ni-Pd-Ni-Kontakt bei einem Pentananteil von 5,5 Gew.-% maximal 23 Gew.-%. Beim Ni/Pd-Vergleichskatalysator ergeben sich 2-Methyl-butananteile von 21 Gew.-% bei einer jedoch wesentlich höheren unverzweigten C_5-Alkan-Konzentration von 9 Gew.-%.
Im C_4-Bereich ist das Verhältnis ähnlich ausgebildet: Iso-C_4-Konzentration beim Ni-Pd-Ni-Kontakt 19,5 Gew,-% zu 13,6 Gew.-% bei Einsatz des Ni/Pd-Vergleichskontaktes. Die unverzweigten C_4-Anteile bilden ein Verhältnis von 10,0 : 13,8 Gew.-%. Der gleiche Effekt ist auch im Ni-Pt-System zu erkennen.
Die bimetallische Hydrier-/Dehydrierkomponente ist mit der Acidität des Trägers produktbestimmend, wobei durch die ausgeprägte Acidität eine starke Sekundärisomerisierung der Spaltprodukte erfolgt (7).

<u>Mordenit-System</u>   Der Hydroisomerisierungsumsatz ist bei den Mordenit-Kontakten weniger stark ausgeprägt und erreicht maximal 5,4 Gew.-% beim Ni/Pd-Vergleichskontakt. Diese geringe Isomerisierung des n-Dekans ist mordenitspezifisch.
Bezüglich der Spaltprodukte entsteht bei allen 5 Katalysatoren ein ähnliches Bild. Die Ausbeute an unerwünschten C_1-C_3-Alkanen ist hoch. Propan erreicht Konzentrationen bis 17 Gew.-%, die Abspaltung von Methan und Äthan ist stärker ausgebildet als bei den Kontakten im Zeolith X- und Zeolith Y-System. Die hohe Acidität des Mordenitträgers begünstigt somit die Bildung von gasförmigen Spaltprodukten. Das flüssige Spaltproduktgemisch enthält ~ 25 Gew.-% 2-Methyl-butan bzw. ~ 17 Gew.-% verzweigte Hexane. Die Acidität beeinflußt weiter die Konzentration der isomeren Spaltprodukte derart, daß im C_4-C_7-Bereich zwischen 60-90 Gew.-% verzweigte Alkane pro C-Zahl-Fraktion gebildet werden.

<u>Kommerzieller Kontakt SK 120</u>   In Tabelle 4 sind die absoluten Konzentrationen der Spaltprodukte sowie der prozentuale Anteil der verzweigten Alkane in den Fraktionen für einen vergleichbaren Umsatz 100 % für die Ni-Pd-Ni-Komplexkatalysatoren und SK 120 zusammengestellt.

Es ist erkennbar, daß die Selektivitäten des Komplexkatalysators Ni-Pd-Ni Zeolith Y und des kommerziellen SK 120 Kontaktes vergleichbar sind.

<u>Tab. 4:</u> Selektivität von Ni-Pd-Ni-Komplexkatalysatoren und
SK 120-Kontakt

Katalysator	SK 120	Ni-Pd-Ni Zeolith x	Ni-Pd-Ni Zeolith y	Ni-Pd-Ni Mordenit
Temperatur (^{o}C)	310	410	290	310
Spaltumsatz (%)	98.1	100	98.9	99.8
$C_1 + C_2$ (Gew.-%)	0.4	0.7	0.2	1.7
C_3 "	7.2	8.8	9.0	13.1
$i-C_4$ "	15.5	11.1	19.4	22.2
$n-C_4$ "	9.7	10.7	9.0	15.1
$i-C_4/n-C_4$ (%)	61.5	50.9	68.5	59.5
$i-C_5$ (Gew.-%)	21.8	18.4	23.4	23.7
$n-C_5$ "	9.7	11.3	5.4	10.7
$i-C_5/n-C_5$ (%)	69.2	61.9	81.2	68.9
$i-C_6$ (Gew.-%)	22.7	22.6	22.1	9.6
$n-C_6$ "	6.1	9.1	5.3	2.6
$i-C_6/n-C_6$ (%)	78.8	71.2	80.6	78.7
$i-C_7$ (Gew.-%)	3.6	5.6	3.5	0.2
$n-C_7$ "	0.5	1.7	0.8	-
$i-C_7/n-C_7$ (%)	87.8	76.7	81.4	-

2.2.3 <u>Vergiftung der Katalysatoren mit Coronen</u>

Es wird seit langem vermutet, daß die Desaktivierung von Hydro-
crackkatalysatoren auf der Bildung von Polyaromaten beruht.
Um diese Theorie zu überprüfen, wurde in 100 Stundenversuchen
der kommerzielle Katalysator SK 120 mit unterschiedlichen Mengen Coronen behandelt.
Die Tabelle 5 zeigt die Versuchsergebnisse.

<u>Tab. 5:</u> Versuchsergebnisse mit Coronen

% Coronen in Feed	% Desaktivierung nach 100 Std.
1	4
5	20
10	40

Diese Werte zeigen, daß Polyaromaten die Aktivität des Katalysa-
tors vermieden und quasi als Katalysatorgift wirken.

2.3   <u>Zusammenfassung der Versuche Hydrocracking</u>

In diesem Teil der Arbeit konnte gezeigt werden, daß es prinzi-
piell möglich ist, durch Imprägnieren von Zeolithen (X, Y- Mordenit) mit metallorganischen Komplexen, die mehrere Metallatome
enthalten, Hydrocrackingkatalysatoren herzustellen, die gute
Aktivität und Selektivität aufweisen.

In den einzelnen Zeolith-Systemen ergeben sich aus dem Vergleich
der Komplexkatalysatoren mit den Vergleichskontakten, die durch
herkömmliches Aufziehen der entsprechenden Metallsalze auf die
gleichen Träger hergestellt wurden, folgende Unterschiede:
Die Komplexkatalysatoren im Zeolith Y-System weisen die höch-
ste Aktivität gegenüber allen getesteten Hydrocrackkatalysato-
ren auf. Der Ni-Pd-Ni-Zeolith Y-Kontakt erreicht unter den Betriebsbedingungen p=100 b, LHSV=1.0 h^{-1}, H_2/n-Dekan=1000 Vol/Vol
bei einer Temperatur von 290°C einen Umsatz von 100 %. Damit
zeigt dieser Kontakt auch eine wesentlich höhere Aktivität - bei
vergleichbarer Selektivität - als der kommerzielle SK 120-Kata-
lysator. Die Selektivität der Komplexkatalysatoren ist gekennzeichnet durch eine stärkere Isomerisierung der Spaltprodukte
als die der entsprechenden Vergleichskontakte; somit ergeben
sie ein wertvolleres Reaktionsgemisch.

Die Komplexkatalysatoren im Zeolith X-System zeigen starke Iso-
merisierungseigenschaften. Der Ni-Pt-Ni-Kontakt hydroisomeri-
siert den Einsatzstoff bis 60 Gew.-%. Somit eignet sich dieser
Katalysator z.B. zum Isomerisieren von unverzweigten Paraffinen
bei untergeordneter Spaltaktivität.

Zusammenfassend kann gesagt werden, daß das Auftragen von metallorganischen Komplexen, die mehrere Metalle enthalten, einen
vielversprechenden Weg zur Darstellung neuer Hydrocrackingkatalysatoren darstellt.

Weiterhin konnte am Beispiel Coronen gezeigt werden, daß Polyaromaten als Katalysatorgifte wirken.

3.   Reforming

3.1   Reforming - Experimenteller Teil

Die Versuche wurden in einer voll kontinuierlich arbeitenden
Hochdruckanlage durchgeführt.

3.1.1   Reforming-Anlage

Einzelheiten dieser Anlage sind in der Dissertation H.J. Leuchs
beschrieben (8).

Die kontinuierliche Reforming-Versuchsanlage besteht im wesentlichen aus den folgenden Baugruppen:

1.   Gasdosierung
2.   Benzindosierung
3.   Armaturen
4.   Reaktorrohr mit Katalysatorfestbett und elektrischer
     Heizung
5.   Entspannungseinrichtung
6.   Gas-Flüssigscheider mit getrennten Probennahmeeinrichtungen
     für Gas- und Flüssigphase
7.   elektrische Temperaturregelung und Meßwertregistrierung.

Alle unter Druck stehenden oder brennbare Gase führenden Teile
der Anlage sind aus Sicherheitsgründen in einer Stahlbetonbox
montiert.

In Abb. 11 ist ein Fließschema von der Versuchsanlage wiedergegeben.

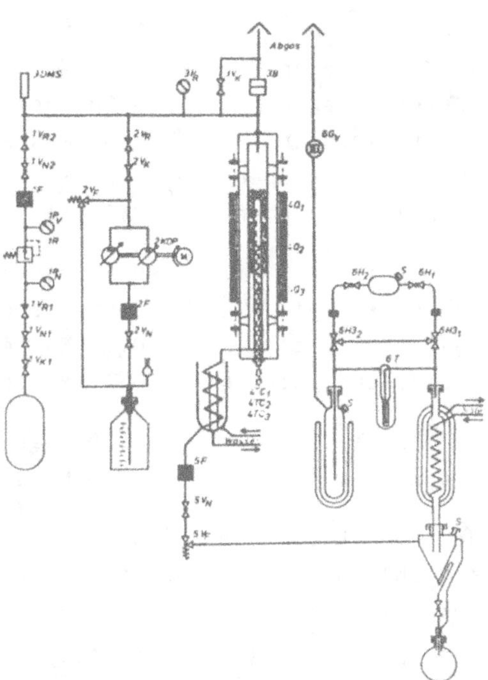

<u>Abb. 11:</u> Reforming-Anlage - Fließschema -
  1 Wasserstoffdosierung   4 Reaktorrohr
  2 Benzindosierung   5 Entspannung
  3 Armaturen   6 Gas-Flüssig-Scheider

Um den Reaktor mit Katalysator zu beschicken, wird zunächst mit
Stickstoff gespült, 40 ml Katalysator werden in den Reaktor ein-
gefüllt und auf 500°C aufgeheizt. Nach Erreichen dieser Temperatur wird auf Wasserstoff umgestellt.
Der zu reformierende Einsatzstoff gelangt via einer Kolbendo-
sierpumpe in den Reaktor.
Die Reaktionsprodukte werden entspannt und der Produktgasstrom
im Zyklon des Abscheiders in eine Gas- und eine Flüssigphase
aufgetrennt.

3.1.2 Einsatzprodukte und verwendete Katalysatoren

Der Wasserstoff hatte einen Reinheitsgrad von 99.9 %. Als Kohlenwasserstoffe wurden eingesetzt:

n-Heptan	Reinheit	99.35 Masse-%
	2-Methylhexan	0.06 Masse-%
	3-Methylhexan	0.20 Masse-%
	3-Äthylpentan	0.09 Masse-%
	Dimethylcyclopentane	0.20 Masse-%
	Äthylcyclopentan	0.10 Masse-%
n-Hexan	Reinheit	99.35 Masse-%
	2-Methylpentan	0.03 Masse-%
	3-Methylpentan	0.15 Masse-%
	Methylcyclopentan	0.47 Masse-%
n-Oktan	Reinheit	98.30 Masse-%
	isomere Oktane	1.70 Masse-%

Um die Acidität der Kontakte während des Betriebes zu erhöhen,
werden zwei Chargen chlorhaltigen n-Heptans durch Mischen mit
Methylenchlorid hergestellt:

a) n-Heptan + 2 ppm Cl = 6.1 μl CH_2Cl_2/ 5 l $n-C_7H_{16}$

b) n-Heptan + 10 ppm Cl = 31 μl CH_2Cl_2/ 5 l $n-C_7H_{16}$.

Untersucht wurden Katalysatoren, die durch Tränken zweier verschiedener γ-Aluminiumoxide mit Lösungen von Metallsalzen und
von bimetallischen Komplexen dargestellt wurden, sowie ein kom-
merzieller Reformingkatalysator CK 304 der Firma Ketgen Catalysts[+].

Die Bedingungen für die Imprägnierung wurden so gewählt, daß
sämtliche Katalysatoren ebenso wie der kommerzielle Kontakt
0.4 Masse-% Platinmetall enthalten. Sind keine Katalysatorgifte
zugegen, so ändert sich die Reformatzusammensetzung mit stei-
gender Platinkonzentration oberhalb 0.3 % Pt nicht mehr signi-
fikant (9).
Die beiden verwendeten Katalysatorträger wurden von Kaiser Alumina und Ketjen Catalysts zur Verfügung gestellt[+].

[+]
   Den Firmen Kaiser Alumina und Ketjen Catalysts sei für die
   Überlassung der Trägermaterialien und Katalysatoren gedankt.

Zur Imprägnierung wurden die folgenden bimetallischen Komplexe
des Platins und Zinns verwendet:

$$(C_8H_{12})_3Pt_3Sn_2Cl_6 \cdot CH_3NO_2 \qquad (Sn:Pt = 0.67)$$

$$[N(CH_3)_4]_2 \, [PtCl_2(SnCl_3)_2] \qquad (Sn:Pt = 2.00)$$

$$[N(C_2H_5)_4]_4 \, [Pt_3Sn_8Cl_{20}]CH_3COCH_3 \qquad (Sn:Pt = 2.67)$$

$$[N(CH_3)_4]_3 \, [Pt(SnCl_3)_5] \qquad (Sn:Pt = 5.00)$$

Zum Vergleich wurden Katalysatoren mit den Komplexen entsprechenden Platin-Zinn-Verhältnissen ohne Metall-Metall-Bindun-
gen hergestellt. Hierzu wurden die Träger zunächst mit $SnCl_2$-
Lösung imprägniert, das adsorbierte $SnCl_2$ mit H_2O_2 oxidiert
und diese Kontakte mit $PtCl_4$-Lösung getränkt[+].

3.1.3 Versuchsbedingungen

Um Aktivitäten und Selektivitäten verschiedener Katalysatoren
vergleichen zu können, müssen die Kontakte nach einem repro-
duzierbaren Versuchsprogramm getestet werden, in dem die Reaktionsbedingungen denen der technischen Reformingprozesse möglichst ähnlich sein sollen.

Die Tabelle 6 enthält die getesteten Modellsubstanzen und
Reaktionsbedingungen.

[+] Der Degussa AG, Hanau, sei für die Überlassung von Platinmetall gedankt.

Tab. 6: Screening-Programm für Reforming-Katalysatoren

Modellsubstanz	Druck bar	Temp. °C	H_2 / KW mol/mol	LHSV h^{-1}	τ s
n-Heptan	20.0	500	6.00	4.00	4.67
n-Heptan	20.0	480	6.00	4.00	4.80
n-Heptan	20.0	520	6.00	4.00	4.56
n-Heptan + 2 ppm Cl	20.0	500	6.00	4.00	4.67
n-Heptan + 2 ppm Cl	20.0	480	6.00	4.00	4.80
n-Heptan + 2 ppm Cl	20.0	520	6.00	4.00	4.56
n-Heptan +10 ppm Cl	20.0	500	6.00	4.00	4.67
n-Heptan +10 ppm Cl	20.0	480	6.00	4.00	4.80
n-Heptan +10 ppm Cl	20.0	520	6.00	4.00	4.56
n-Hexan	20.0	500	6.00	3.57	4.67
n-Oktan	20.0	500	6.00	4.44	4.67

LHSV = Liquid hourly space velocity [ml KW / ml Kat · h]

τ = mittlere Verweilzeit

3.1.4 Analyse der Reaktionsprodukte

Die Analyse der Produkte erfolgte mittels einer 100 m x 0.25 mm ID, Glas, OV 101 (WGA) Säule. Die Tabelle 7 enthält die identifizierten Kohlenwasserstoffe.

Tab. 7: Analysierte Produkte des Reformings

	Kp. 760°C		Kp. 760°C
Methan	- 161.5	trans-Buten-2	0.9
Äthen	- 103.7	cis-Buten-2	3.7
Äthan	- 88.6	2.2-Dimethylpropan	9.5
Propen	- 47.7	2-Methylbutan	27.9
Propan	- 42.1	Penten-1	30.0
2-Methylpropan	- 11.7	2-Methylbuten-1	31.2
2-Methylpropen-1	- 6.9	n-Pentan	36.1
+ Buten-1	- 6.3	trans-Penten-2	36.4
n-Butan	- 0.5	cis-Penten-2	36.9
2-Methylbuten-2	38.6	Isopropylbenzol	152.4
2.2-Dimethylbutan	49.7	n-Propylbenzol	159.2

Fortsetzung Tabelle 7:

	Kp.760°C		Kp.760°C
Cyclopentan	49.3	1-Methyl-3-Äthylbenzol	161.3
2.3-Dimethylbutan	58.0	+ 1-Methyl-4-Äthylbenzol	162.0
2-Methylpentan	60.3	1-Methyl-2-Äthylbenzol	165.2
3-Methylpentan	63.3	1.3.5-Trimethylbenzol	164.7
n-Hexan	68.7	tert.-Butylbenzol	169.1
2.2-Dimethylpentan	79.2	1.2.4-Trimethylbenzol	169.4
Methylcyclopentan	71.8	1.2.3-Trimethylbenzol	176.1
2.4-Dimethylpentan	80.5	Indan	177
2.2.2-Trimethylbutan	80.9	1.3-Diäthylbenzol	181.1
Benzol	80.1	Inden	181
3.3-Dimethylpentan	86.1	1-Methyl-3-Propylbenzol	181.8
Cyclohexan	80.7	n-Butylbenzol	181.3
2-Methylhexan	90.1	1.2-Diäthylbenzol	183.4
2.3-Dimethylpentan	89.8	+ 1-Methyl-4-Propylbenzol	183.3
1.1-Dimethylcyclopentan	87.8	+ 1.4-Diäthylbenzol	183.7
2-Methylhexan	91.8	2-Methylindan	184
1-cis-3-Dimethylcyclopentan	91.9	+ 1-Methyl-2-Propylbenzol	184.8
1-trans-3-Dimethylcyclopentan	90.8	1-Methylindan	186.5
3-Äthylpentan	93.5	1.2-Dimethyl-4-Äthylbenzol	189.7
1-trans-2-Dimethylcyclopentan	91.9	1.3-Dimethyl-2-Äthylbenzol	190.0
n-Heptan	98.4	1.2-Dimethyl-3-Äthylbenzol	193.9
1-cis-2-Dimethylcyclipentan	99.5	1.2.4.5-Tetramethylbenzol	196.8
Methylcyclohexan	100.9	1.2.3.5-Tetramethylbenzol	198.0
Äthylcyclopentan	103.5	5-Methylindan	199
Toluol	110.6	4-Methylindan	203
Cycloheptan	118.8	1.2.3.4-Tetramethylbenzol	205
Äthylbenzol	136.2	Tetrahydronaphthalin	207.6
m-Xylol	139.1	Naphthalin	218
p-Xylol	138.4	Pentamethylbenzol	231.8
o-Xylol	144.4	2-Methylnaphthalin	241.1
1-Methylnaphthalin	244.6	+ 2.7-Dimethylnaphthalin	263
2-Äthylnaphthalin	257.9	Hexamethylbenzol	263.8
1-Äthylnaphthalin	258.7	1.5-Dimethylnaphthalin	265
2.6-Dimethylnaphthalin	262	1.2-Dimethylnaphthalin	266
1.3-Dimethylnaphthalin	263	2.3-Dimethylnaphthalin	268
+ 1.6-Dimethylnaphthalin	263	1.4-Dimethylnaphthalin	268
+ 1.7-Dimethylnaphthalin	263	1.8-Dimethylnaphthalin	270

3.2 Diskussion der Versuchsergebnisse Reforming

Die verschiedenen Reforming-Verfahren und -Katalysatoren sowie
deren Entwicklung und die Bedeutung dieses Prozesses für die
petrolchemische Industrie beschreibt H.J. Leuchs in seiner Dissertation (8).

Reformingprozesse wurden entwickelt, um Schwerbenzinfraktionen
niedriger Oktanzahl in solche höherer Klopffestigkeit umzuwandeln, vorzugsweise unter Erhalt des Siedebereichs und somit der
durchschnittlichen Molekülgröße. Herausragend hohe Oktanzahlen
weisen die aromatischen Kohlenwasserstoffe auf. Die Verfahren
zur Gewinnung von Aromaten auf Basis Erdöl sind daher eng mit
den Verfahren zur Verarbeitung von Rohölfraktionen auf Otto-
Kraftstoffe verknüpft.

Die Reformerkapazität ist ein Maß für den Motorisierungs- und
damit gewissermaßen auch für den Industrialisierungsgrad eines
Landes. So betrug der Anteil der Reformer- an der Rohölverarbeitungskapazität 1973 in der BRD 13 %, in den USA 25 % und in
Japan 10 %. Der nach dem zweiten Weltkrieg eingeführte Platforming-Prozeß war der Schlüssel für die stürmische Entwicklung
der petrolchemischen und der Kunstfaserindustrie.

Dieser erste Prozeß,bei dem Edelmetallkatalysatoren großtechnisch Anwendung fanden, war von Haensel bei der Universal Oil
Products Co. entwickelt worden. Die Platformingskontakte bestehen aus 0,3 bis 0,8 Masse-% Platin auf Aluminiumoxid, dem
zur Einstellung der Acidität Halogen, bevorzugt Chlor oder
Fluor, zugesetzt wird.

Typische Prozeßbedingungen sind eine Reaktoreinlaßtemperatur
von 450 bis 480°C, ein Druck von 35 bis 60 bar, eine relative
Raumgeschwindigkeit (liquid hourly space velocity, LHSV) von
2 bis 4 Vol./Vol.·h und ein Kreislaufgasverhältnis von 3 mol
H_2 pro mol Kohlenwasserstoff.

Versuche, die Platin-Reformingkatalysatoren zu verbessern,
führten 1967 zur Entwicklung der Rheniforming-Kontakte durch
Kluksdahl bei der Chevron Research Co. In der Zwischenzeit wur-

den zahlreiche bi- und multimetallische Reformingkatalysatoren
beschrieben.

Um Aussagen über bimetallische Katalysatoren des Pt-Sn machen
zu können, wurden im Rahmen dieser Arbeit die im experimentel-
len Teil beschriebenen multimetallischen Verbindungen des Platins und Zinns auf Al_2O_3 aufgezogen. Parallel zu den Komplexkatalysatoren wurden die gleichen Träger mit Salzen von Platin
und Zinn getränkt.
Unter den in Tabelle 6 beschriebenen Versuchsbedingungen wurden
diese Katalysatoren in ihrer Aktivität und Selektivität verglichen.

3.2.1 Einfluß des Trägers

In Tabelle 8 sind die Ausbeuten an Toluol bei der Reformierung
von n-Heptan für monometallische Platin- und bimetallische komplexe und diskrete Platin-Zinn-Katalysatoren, jeweils hergestellt aus den beiden Trägern, gegenübergestellt.

Tabelle 8: Toluolausbeuten bei der Reformierung von n-Heptan
an verschiedenen Katalysatoren auf Basis unter-
schiedlicher Träger ($500^{\circ}C$, 20 bar, 6 mol H_2/mol
KW, LHSV 4 h^{-1})

Katalysator	Toluolausbeute bez. auf Einsatz (Masse-%)	
	Kaiser Chemicals γ-Alumina SAS	Ketjen Catalysts γ-Alumina CK 300
$PtCl_4$	10.99	20.34
$PtCl_4$ + 2 $SnCl_2$	5.96	21.94
$[N(CH_3)_4]_2[PtCl_2(SnCl_2)_2]$	2.20	6.96

Die Überlegenheit des Ketjen-Trägers ist offensichtlich, möglicherweise ist diese Überlegenheit im deutlich geringen Gehalt
an chemisch gebundenem Wasser begründet. Alle weiteren Versuche
wurden daher mit dem Ketjen γ-Al_2O_3 durchgeführt.

3.2.2 Einfluß der Art der Imprägnierung

Die vollständigen Produktverteilungen der Reformierung von
n-Heptan bei 500°C am reinen Träger CK 300 und an vier komplexen Katalysatoren sind in Tabelle 9 wiedergegeben; Tabelle 10
zeigt die Produktbilanzen des kommerziellen Kontakts sowie die
des monometallischen und der vier diskreten bimetallischen Katalysatoren.

Tab. 9: Produktverteilungen der Reformierung von n-Heptan am
reinen Träger und an vier komplexen Katalysatoren
(500°C, 20 bar, 6 mol H_2/mol KW, LHSV 4 h^{-1})

Katalysator	-.-	$\frac{1}{3}$ Pt_3Sn_2	$PtSn_2$	$\frac{1}{3}$ Pt_3Sn_8	$PtSn_5$
Reformatanalyse	Masse-% bezogen	auf	eingesetztes	n-Heptan	
C_1	0.21	0.17	0.69	0.89	0.50
C_2	1.00	1.34	3.39	5.53	3.52
C_3	2.54	2.22	6.47	10.23	6.45
$n\text{-}C_4$	1.44	1.60	5.00	6.52	4.90
$i\text{-}C_4$	1.37	1.14	3.75	5.17	3.09
$n\text{-}C_5$	0.70	0.90	3.36	2.47	2.28
$i\text{-}C_5$	1.42	1.44	5.86	5.07	3.81
$n\text{-}C_6$	0.03	0.22	0.88	0.18	0.49
$i\text{-}C_6$	0.22	0.20	2.29	0.44	0.83
$n\text{-}C_7$	90.06	84.66	22.90	36.45	53.76
$i\text{-}C_7$	0.75	5.95	36.48	20.53	17.04
Benzol	0.00	0.00	0.06	0.12	0.25
Toluol	0.11	0.14	6.96	4.35	1.46
C_{8+}-Aromaten	0.00	0.00	1.13	1.34	0.65
Σ	99.85	99.98	99.23	99.29	98.76
Umsätze					
X_P [%]	9.94	15.34	77.10	63.55	46.24
$X_{\acute{P}}$ [%]	9.19	9.39	40.62	43.02	29.20
y_A [%]	0.12	0.15	8.58	6.00	2.45
y_C [%]	8.75	9.05	31.32	36.13	25.72
x_{H_2} $\left[\frac{mol}{mol}\right]$	-0.08	-0.08	0.03	-0.12	-0.16
Selektivitäten					
$S_A = y_A/y_A + y_C$ [%]	1.35	1.63	21.50	14.24	8.70
$S_C = y_C/y_A + y_C$ [%]	98.65	98.37	78.50	85.76	91.30
$S_{H_2} = x_{H_2}/X_{\acute{P}}$	-0.93	-0.92	0.08	-0.29	-0.57

Tab. 10: **Produktverteilung der Reformierung von n-Heptan am kommerziellen Kontakt und an fünf diskreten Katalysatoren (500°C, 20 bar, 6 mol H_2/mol KW, LHSV 4 h^{-1})**

Katalysator Sn:Pt	-.-	0.00	0.67	2.00	2.67	5.00
Reformatanalyse Masse-% bezogen auf eingesetztes n-Heptan						
C_1	0.44	1.57	2.02	2.05	2.42	2.98
C_2	2.54	4,91	6.31	6.39	6.63	5.62
C_3	5.52	8.84	19.25	12.72	14.40	13.30
$n\text{-}C_4$	5.18	6.34	13.65	9.03	10.56	9.13
$i\text{-}C_4$	4.13	5.93	12.29	8.85	10.02	9.10
$n\text{-}C_5$	5.19	5.85	5.60	6.07	6.00	4.63
$i\text{-}C_5$	7.65	8.95	8.54	9.02	9.59	7.29
$n\text{-}C_6$	1.50	1.60	1.02	1.60	1.21	1.23
$i\text{-}C_6$	3.57	4.66	2.54	4.09	3.19	3.17
$n\text{-}C_7$	8.34	6.16	1.33	2.63	1.08	2.13
$i\text{-}C_7$	26.80	21.22	4.06	10.45	3.57	6.62
Benzol	0.13	0.75	0.81	0.93	1.49	1.89
Toluol	23.67	20.34	18.61	21,92	26.38	30.38
C_{8+}-Aromaten	4.79	3.72	3.95	3.95	3.25	2.57
Σ	99.45	99.94	99.98	99.70	99.79	100.04
Umsätze						
X_P [%]	91.66	93.84	98.67	97.37	98.92	97.87
X_β [%]	64,86	72.62	94.61	86.92	95.35	91.25
y_A [%]	29.89	26.09	24.56	28,31	33,29	37.59
y_C [%]	35.95	48.25	71.28	60.22	64.77	57.67
$x_{H_2} \left[\frac{mol}{mol}\right]$	0.84	0.56	0.27	0.53	0.68	0.93
Selektivitäten						
$S_A = y_A/y_A{+}y_C$ [%]	45.40	35.10	25.63	31.98	33.95	39.29
$S_C = y_C/y_A{+}y_C$ [%]	54.60	64.90	74.37	68.02	66.05	60.71
$S_{H_2} = x_{H_2}/X_\beta$	1.28	0.76	0.28	0.60	0.70	1.01

Generell ist die Aktivität der komplexen Katalysatoren geringer als die der diskreten und des kommerziellen Kontaktes. Bei keinem der komplexen Katalysatoren wird das eingesetzte n-Heptan bis zum Gleichgewicht isomerisiert, auch in der Aromatisierungsselektivität sind sie unterlegen. Eine Erklärung hierfür liegt möglicherweise in einer störenden Wirkung der Tetraalkylammoniumkationen bzw. der Olefinliganden. So verfärbten sich die komplexen Katalysatoren, die nach dem Imprägnieren die Farbe des jeweiligen bimetallischen Komplexes aufwiesen, beim anschließenden Kalzinieren in Argonatmosphäre, als ob auf ihrer Oberfläche Koks (aus den organischen Liganden) abgeschieden würde. Es wurde daher ein komplexer Katalysator "in situ" hergestellt, indem nach der Tränkung bei $SnCl_2$-Lösung auf die Oxidation verzichtet und gleich die $PtCl_4$-Lösung zugegeben wurde. Dieser Kontakt zeigte ebenfalls die dem Komplex entsprechende tiefrote Färbung, er liegt in seinen katalytischen Eigenschaften zwischen dem diskreten und dem komplexen Kontakt, wie für Toluolausbeute, Umsatz und Isomerisierung in Tabelle 11 veranschaulicht ist.

<u>Tabelle 11:</u> Toluolausbeute der Reformierung von n-Heptan an drei verschieden hergestellten Katalysatoren mit gleichem Sn:Pt-Verhältnis ($500^{\circ}C$, 20 bar, 6 mol H_2/mol KW, LHSV 4 h^{-1})

Katalysator		390	384	385
Präparation		Komplex	in situ	diskret
Toluol	Masse-%	1.46	11.33	30.38
n-C_7	"	53.76	10.43	2.13
iso-C_7	"	17.04	22.28	6.62
			(68 %)	(76 %)

Der "in situ" hergestellte Katalysator isomerisiert das eingesetzte n-Heptan immerhin bis nahe an das Gleichgewicht. Für die mangelhafte Leistung der komplexen Katalysatoren ist damit neben der störenden Wirkung der organischen Bestandteile außerdem noch die Komplexbildung mit verantwortlich. Das Auftragen der von uns untersuchten bimetallischen Komplexe stellt auch unter anderen Präparationsbedingungen keinen technisch interessanten Weg zu neuen Reformingkatalysatoren mit verbesserter Aktivität oder Selektivität dar!

Hochaktive, einem kommerziellem Kontakt mit gleichem Platingehalt deutlich überlegene Reformingkatalysatoren erhält man hingegen durch getrenntes Auftragen der Platin- und der Zinnkomponente. Diese Kontakte zeigen schon vor ihrer Darstellung her eine optimale Acidität und brauchen während des Betriebs nicht mehr nachchloriert zu werden.

3.2.3 Einfluß des Pt-Sn-Verhältnisses

Es erschien interessant, die Aromatisierung als Funktion des
Pt-Sn-Verhältnisses zu untersuchen. In Abb. 12 ist die Geschwin-
digkeitskonstante der Aromatisierung aufgetragen.

In Abb. 13 ist die Abhängigkeit der Crackreaktion aufgezeigt.

Die Abhängigkeit der Crackgeschwindigkeit vom Sn:Pt-Verhältnis
läßt sich für alle drei Temperaturen besser durch gekrümmte
Kurven wiedergeben, die ein schwaches Maximum bei mittlerem
Sn:Pt-Verhältnis aufweisen.

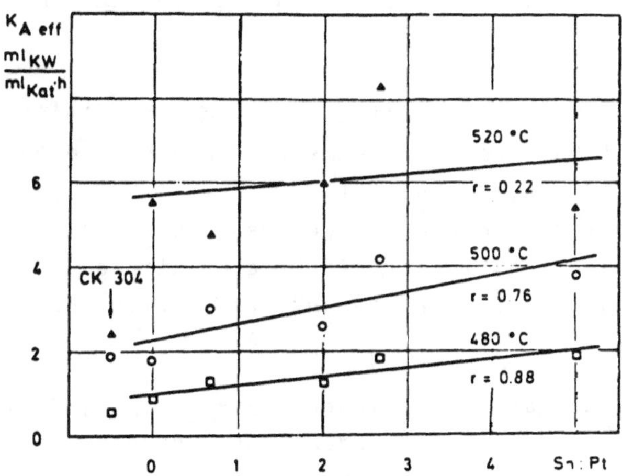

Abb. 12: Geschwindigkeitskonste der Aromatisierung

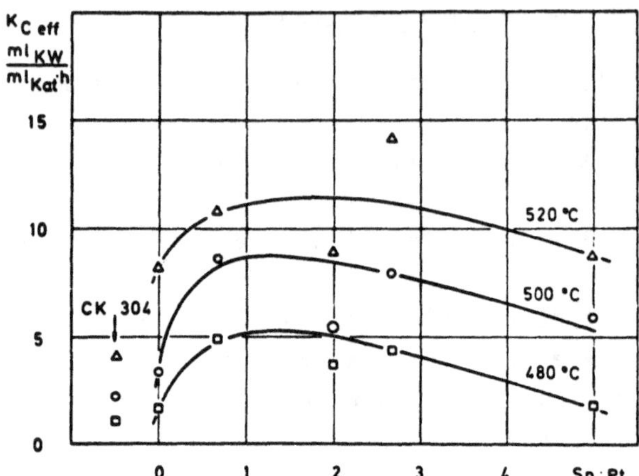

Abb. 13: Abhängigkeit der Crackgeschwindigkeit vom Sn:Pt-Verhältnis

In das für hydrogenolyseaktive Kontakte charakteristische
Gebiet des Pt-Sn-Phasendiagramms fallen die intermetallischen
Verbindungen Pt_3Sn, Pt_5Sn_3, Pt_3Sn_2, Pt_9Sn_7, $PtSn$, Pt_2Sn_3 und
$PtSn_2$ (10) mit "geordneten Strukturen". Ein ebenfalls denkbarer "Liganden-Effekt" auf die Crackreaktionen wird, falls
vorhanden, durch die Überlagerung des starken "Ensemble-
Effekts" verdeckt.

Die Selektivität der Reformingkatalysatoren auf Basis Platin-
Zinn läßt sich in weiten Grenzen ohne Einbuße an Aktivität
durch Veränderung der Zinn-Dotierung steuern: eine zinnarme
Variante (Sn:Pt = 0.7) produziert neben Aromaten erhebliche
Mengen Propan und Butane; eine zinnreiche Variante (Sn:Pt = 5)
zeichnet sich durch hohe Dehydrocyclisierungsselektivität bei
minimaler Spaltaktivität aus, was sie für die petrolchemische
Raffinerie besonders geeignet macht.

3.3 Zusammenfassung der Versuche Reforming

Im Rahmen dieser Arbeit sollten verschiedene bimetallische Trägerkatalysatoren auf Basis Platin-Zinn hergestellt und in ihrer
Aktivität und Selektivität für die Reformierung von Modellsubstanzen, bevorzugt n-Heptan, verglichen werden. Die Natur derartiger in der Patentliteratur beschriebener Kontakte und ihre

gegenüber monometallischen Katalysatoren verbesserte Wirkungsweise ist noch wenig verstanden; aus umfassenden Analysen der
Reaktionsprodukte sollten daher Beziehungen zwischen Zusammen-
setzung und Struktur der Katalysatoren und ihrer Reaktivität
hergeleitet werden.

Um die Kontakte unter Bedingungen, die denen der technischen
Reformierungsprozesse möglichst ähnlich sind, zu testen, wurde zunächst ein isotherm arbeitender Integraldurchflußreaktor
gebaut. Das dazu entwickelte Katalysator-Screening-Programm
gestattet es, eventuelle Reaktionshemmung durch behinderten
Stofftransport und vorzeitige Deaktivierung der Kontakte durch
Koksabscheidung sicher auszuschließen.

Um gezielt geordnete Strukturen mit intermetallischen Bindungen
auf den Kontakten zu erzeugen, wurden verschiedene γ-Aluminium-
oxid-Träger mit Lösungen definierter bimetallischer Platin-Zinn-
Komplexe $(C_8H_{12})_3Pt_3Sn_2Cl_6$, $[PtCl_2(SnCl_3)_2]^{2-}$ $[Pt_3Sn_8Cl_{20}]^{4-}$
und $[Pt(SnCl_3)_5]^{3-}$ getränkt, doch erwiesen sich diese nach meh-
reren Methoden hergestellten Katalysatoren als wenig leistungs-
fähig.

Hochaktive, einem kommerziellen Kontakt mit gleichem Platingehalt deutlich überlegene Reformingkatalysatoren erhält man hingegen durch getrenntes Auftragen der Platin- und der Zinnkomponente. Diese Kontakte zeigen schon von ihrer Darstellung her
eine optimale Acidität und brauchen während des Betriebs nicht
mehr nachchloriert zu werden.

Die Selektivität der Reformingkatalysatoren auf Basis Platin-
Zinn läßt sich in weiten Grenzen ohne Einbuße an Aktivität
durch Veränderung der Zinn-Dotierung steuern: eine zinnarme Variante (Sn:Pt = 0.7) produziert neben Aromaten erhebliche Mengen Propan und Butane; eine zinnreiche Variante (Sn:Pt = 5)
zeichnet sich durch hohe Dehydrocyclisierungsselektivität bei
minimaler Spaltaktivität aus, was sie für die petrolchemische
Raffinerie besonders geeignet macht.

4. Literaturverzeichnis

1. Anlagen in der Bundesrepublik 300.000 t Anlage der
   Caltex/Frankfurt, 1 Mio t Anlage der BASF in Lingen/Ems

2. Dissertation B. Engler, RWTH Aachen, Nv. 1976,
   s.h. hier auch Lit. Hydrocracking

3. D.C. Jicha, D.H. Busch,
   Inorg. Chem. 1 (4), 872 (1962)

4. B. Engler, C. Krüger, W. Keim, J.C. Sekutowski,
   Erdöl und Kohle, Bd. 31, 2, 87 (1978)

5. R. Beecher, A. Voorhies,Jr., P. Eberly,Jr.,
   Ind. Eng. Chem., Prod. Res. Develop. 7(3), 203 (1968)

6. H. Pichler, H. Schulz, H.O. Reitemeyer, J. Weitkamp,
   Erdöl und Kohle-Erdgas-Petrochemie 25(9), 494 (1972)

7. J. Weitkamp, H. Hedden,
   Chemie-Ing.-Techn. MS 251/75

8. Dissertation H.J. Leuchs, RWTH Aachen, Nov. 1978

9. J.H. Sinfelt, H. Hurwitz, J.C. Rohrer,
   J. Cat. 1, 481-483 (1962)

10. Gmelins Handbuch der Anorganischen Chemie, System-Nummer 68,
    Platin, Teil A, 8. Auflage, S. 758-63, Verlag Chemie,
    Weinheim, 1951

GPSR Compliance
The European Union's (EU) General Product Safety Regulation (GPSR) is a set
of rules that requires consumer products to be safe and our obligations to
ensure this.

If you have any concerns about our products, you can contact us on

ProductSafety@springernature.com

In case Publisher is established outside the EU, the EU authorized
representative is:

Springer Nature Customer Service Center GmbH
Europaplatz 3
69115 Heidelberg, Germany